PowerS

Een Comple

Christopher Ford
2023

Copyright © 2023 by Christopher Ford

Hoofdstuk 1: Kennismaking met PowerShell

Wat is PowerShell?

PowerShell is een krachtige opdrachtregelshell en scripttaal, ontwikkeld door Microsoft, waarmee gebruikers taken kunnen automatiseren en systeembeheerprocessen kunnen vereenvoudigen. Het is beschikbaar op Windows-besturingssystemen en kan worden gebruikt voor zowel lokale als externe beheertaken.

Een van de opvallende kenmerken van PowerShell is dat het is gebaseerd op het .NET Framework en dus toegang heeft tot een breed scala aan ingebouwde functies en .NET-klassen, waardoor het een robuuste scriptingtaal is. Hierdoor kunnen gebruikers ook externe bronnen en services benaderen en manipuleren, zoals het beheren van Active Directory, het controleren van netwerkstatussen en het beheren van virtuele machines.

PowerShell maakt gebruik van cmdlets (afkorting van "commandlets"), die kleine, op zichzelf staande opdrachten zijn die specifieke acties uitvoeren. Cmdlets kunnen eenvoudige bewerkingen uitvoeren, zoals het maken, verplaatsen of verwijderen van bestanden, maar kunnen ook complexe taken aanpakken, zoals het ophalen van systeeminformatie of het beheren van gebruikersaccounts.

De taal biedt ook ondersteuning voor variabelen, voorwaardelijke verklaringen, lussen en functies, waardoor gebruikers gestructureerde scripts kunnen schrijven voor meer geavanceerde automatiseringstaken.

PowerShell is ontworpen om gemakkelijk te leren en te gebruiken, vooral voor systeembeheerders en ontwikkelaars die dagelijkse taken willen vereenvoudigen en herhalende handelingen willen automatiseren. Met de uitgebreide mogelijkheden kan PowerShell de productiviteit verhogen en tijd besparen bij het beheren van computers en servers. Vanwege zijn flexibiliteit en veelzijdigheid wordt PowerShell veel gebruikt in zakelijke omgevingen en is het een onmisbare tool geworden voor IT-professionals.

De geschiedenis van PowerShell

De geschiedenis van PowerShell begint in het begin van de jaren 2000, toen Microsoft zich realiseerde dat er behoefte was aan een krachtige en consistente opdrachtregelinterface voor Windows-besturingssystemen. Traditionele opdrachtregelinterfaces, zoals de opdrachtprompt (Command Prompt) en batchbestanden, hadden beperkingen en waren niet altijd geschikt voor complexe beheertaken.

In 2002 begon Jeffrey Snover, een technisch fellow bij Microsoft, met het project dat uiteindelijk PowerShell zou worden. Hij leidde een team van ontwikkelaars met als doel een nieuwe opdrachtregelshell te creëren die gebruikmaakt van objectgeoriënteerde scripting en de kracht van het .NET Framework om geavanceerde automatisering en beheertaken mogelijk te maken.

Na enkele jaren van ontwikkeling en verfijning werd PowerShell uiteindelijk geïntroduceerd als Windows PowerShell in november 2006, als onderdeel van Windows Management Framework (WMF) 1.0. Het was een optionele download voor Windows XP, Windows Server 2003 en latere versies van Windows.

Windows PowerShell bood een geavanceerde opdrachtregelshell, gebaseerd op de .NET Framework-opdrachten (cmdlets) en een objectgeoriënteerde scriptingtaal. Hierdoor konden beheerders complexe taken uitvoeren door objecten te manipuleren in plaats van alleen tekstgegevens.

In 2009, met de release van Windows 7 en Windows Server 2008 R2, werd PowerShell geïntegreerd als een ingebouwde functie van het besturingssysteem. Dit vergrootte de beschikbaarheid en acceptatie van PowerShell bij Windows-gebruikers.

In 2012 werd PowerShell 3.0 uitgebracht, waarmee nieuwe functies en mogelijkheden werden geïntroduceerd, zoals betere ondersteuning voor het werken met opdrachten op afstand en het werken met CIM (Common Information Model).

Een andere belangrijke mijlpaal was de introductie van PowerShell Core in 2016. PowerShell Core is een open-sourceversie van PowerShell die cross-platform is, wat betekent dat het kan worden uitgevoerd op Windows, Linux en macOS. Dit maakte PowerShell toegankelijk voor een bredere groep gebruikers en vergrootte de populariteit ervan in de IT-gemeenschap.

Sindsdien heeft Microsoft regelmatig updates en nieuwe versies van PowerShell uitgebracht om de functionaliteit te verbeteren, bugs op te lossen en nieuwe mogelijkheden toe te voegen. PowerShell blijft een essentiële tool voor systeembeheerders, ontwikkelaars en IT-professionals wereldwijd, en heeft een prominente rol gespeeld in het vereenvoudigen en automatiseren van complexe taken binnen Windows-omgevingen.

PowerShell installeren en configureren

Het installeren en configureren van PowerShell is vrij eenvoudig, vooral omdat het tegenwoordig meestal al is opgenomen in moderne Windows-besturingssystemen. Hier zijn de stappen om PowerShell te installeren en te configureren:

- Controleer de huidige versie van PowerShell (optioneel)

Als je wilt controleren welke versie van PowerShell momenteel op je systeem is geïnstalleerd, open je de PowerShell-prompt en typ je het volgende commando:

$PSVersionTable.PSVersion

- PowerShell installeren (indien nodig)

Als je een oudere versie van PowerShell hebt of als het niet is geïnstalleerd, kun je PowerShell eenvoudig installeren via de "Windows-functies" (Windows Features) op je besturingssysteem. Volg deze stappen:

- Open het Configuratiescherm op je Windows-computer.
- Ga naar "Programma's" (Programs) en klik op "Windows-onderdelen in- of uitschakelen" (Turn Windows features on or off).
- Zoek naar "Windows PowerShell" in de lijst met functies en vink het selectievakje aan voor de gewenste versie van PowerShell (bijvoorbeeld "Windows PowerShell 7.x" voor PowerShell Core).
- Klik op "OK" en wacht tot de installatie is voltooid. Mogelijk moet je je computer opnieuw opstarten.

- Configuratie van PowerShell (optioneel)

Standaard is PowerShell zo geconfigureerd dat alleen scripts worden uitgevoerd die zijn ondertekend door een vertrouwde uitgever. Je kunt de uitvoeringsbeleidsinstelling wijzigen om scripts van elke bron uit te voeren. Doe dit echter alleen als je zeker weet dat de scripts die je wilt uitvoeren veilig zijn.

- Open een PowerShell-prompt als beheerder door met de rechtermuisknop op de startknop te klikken en "Windows PowerShell (Admin)" te kiezen.
- Typ het volgende commando om het huidige uitvoeringsbeleid te controleren:

Get-ExecutionPolicy

- Als de uitvoeringsbeleidsinstelling "Restricted" (beperkt) is, kun je deze wijzigen naar "RemoteSigned" (ondertekende scripts uitvoeren vanaf externe locaties) of "Unrestricted" (scripts van elke bron uitvoeren) met de volgende commando's:

Set-ExecutionPolicy RemoteSigned
of
Set-ExecutionPolicy Unrestricted

- Bevestig de wijziging door op "J" te drukken wanneer daarom wordt gevraagd.

Met deze stappen zou je PowerShell met succes moeten installeren en configureren op je Windows-systeem. Als je PowerShell Core gebruikt, kun je dit ook installeren op andere besturingssystemen, zoals

Linux of macOS, door de juiste installatie-instructies te volgen die beschikbaar zijn voor het specifieke besturingssysteem.

De basisprincipes van PowerShell

De basisprincipes van PowerShell omvatten enkele fundamentele concepten en functionaliteiten die cruciaal zijn om effectief met PowerShell te werken. Hier zijn de belangrijkste basisprincipes van PowerShell:

Cmdlets

Cmdlets vormen de kern van PowerShell. Het zijn kleine, op zichzelf staande opdrachten die specifieke acties uitvoeren. Ze hebben de naamgevingsconventie van een verbindingsteken gevolgd door een werkwoord, bijvoorbeeld Get-Process, New-Item, Set-ItemProperty.

Cmdlets worden geleverd met PowerShell of kunnen worden gemaakt door gebruikers of ontwikkelaars.

Pipeline

PowerShell maakt gebruik van een krachtig concept genaamd "pipeline" (pijplijn). Hiermee kunnen de uitvoerresultaten van de ene cmdlet als invoer worden doorgegeven aan de volgende cmdlet, waardoor complexe taken efficiënt kunnen worden uitgevoerd.

Door het gebruik van de pipeline kunnen cmdlets worden gecombineerd om complexe bewerkingen uit te voeren met minimale tussenkomst van de gebruiker.

Objectgeoriënteerde benadering

PowerShell is gebaseerd op een objectgeoriënteerde benadering. In plaats van tekstuele uitvoer zoals bij traditionele opdrachtregels, retourneren cmdlets vaak gestructureerde objecten als resultaat.

Hierdoor kunnen gebruikers de uitvoer gemakkelijk filteren, sorteren en selecteren met behulp van eigenschappen van objecten.

Providers

PowerShell biedt een abstractielaag voor toegang tot verschillende soorten gegevensopslag, zoals het bestandssysteem, het register, de certificaatopslag, enz., via providers.

Providers stellen gebruikers in staat om gegevens te benaderen en te manipuleren alsof het bestanden en mappen zijn, ongeacht de werkelijke onderliggende technologie.

Get-Help

Het Get-Help cmdlet is een zeer waardevol hulpmiddel in PowerShell. Het stelt gebruikers in staat om hulpinformatie te krijgen over cmdlets, functies en andere aspecten van PowerShell.

Door Get-Help te gebruiken, kunnen gebruikers de syntaxis, parameters en voorbeelden van cmdlets bekijken.

Variabelen

PowerShell maakt gebruik van variabelen om waarden op te slaan die tijdens een script kunnen worden gebruikt.

Variabelen worden gemaakt door een dollarteken ($) gevolgd door een naam toe te wijzen aan een waarde, bijvoorbeeld $naam = "John".

Voorwaardelijke verklaringen en lussen

PowerShell ondersteunt voorwaardelijke verklaringen zoals if, else, switch en lussen zoals foreach, for, while, waarmee gebruikers beslissingen kunnen nemen en iteraties kunnen uitvoeren op basis van bepaalde voorwaarden.

Scripting en functies

PowerShell is een scripttaal, wat betekent dat gebruikers volledige scripts kunnen schrijven om complexe taken te automatiseren.

Het definiëren van functies stelt gebruikers in staat om herbruikbare stukken code te maken en te delen tussen verschillende delen van het script.

Deze basisprincipes vormen de fundamenten van PowerShell. Door ze te begrijpen en toe te passen, kunnen gebruikers effectief met PowerShell werken en hun beheer- en automatiseringstaken vereenvoudigen. Het is aan te raden om te oefenen met deze concepten en de vele beschikbare bronnen te gebruiken om vertrouwd te raken met PowerShell.

Werken met de PowerShell-prompt

Werken met de PowerShell-prompt is de basis van het interactief gebruik van PowerShell. De prompt stelt je in staat om directe opdrachten (cmdlets) in te voeren en onmiddellijk de resultaten te bekijken. Hier zijn enkele essentiële punten om te weten bij het werken met de PowerShell-prompt:

Start PowerShell

Op Windows kun je PowerShell starten door naar het Startmenu te gaan, "PowerShell" in te typen en vervolgens te klikken op "Windows PowerShell" of "Windows PowerShell (Admin)" (om PowerShell als beheerder te starten).

Cmdlet-uitvoering

Typ gewoon de naam van een cmdlet gevolgd door de nodige parameters en opties. Druk op Enter om de cmdlet uit te voeren.

Bijvoorbeeld: Get-Process geeft een lijst van actieve processen op het systeem weer.

Tab-completion

PowerShell ondersteunt tab-completion, wat betekent dat je de eerste paar letters van een cmdlet of bestandsnaam kunt typen en vervolgens op de Tab-toets kunt drukken om PowerShell het voor je te laten invullen. Als er meerdere overeenkomsten zijn, druk je nogmaals op Tab om door de opties te bladeren.

Hulp krijgen

Gebruik het Get-Help cmdlet om hulpinformatie over een cmdlet te bekijken. Typ bijvoorbeeld Get-Help Get-Process om informatie over de Get-Process cmdlet te zien.

Je kunt ook—? achter een cmdlet typen om dezelfde hulpinformatie te krijgen.

Pipeline gebruiken

Gebruik de verticale streep | (pijplijnoperator) om de uitvoer van de ene cmdlet door te geven als invoer naar de volgende cmdlet.

Bijvoorbeeld: Get-Process | Sort-Object CPU geeft een lijst van processen weer, gesorteerd op CPU-gebruik.

Variabelen gebruiken

Je kunt variabelen gebruiken om waarden op te slaan en later te gebruiken in je script. Om een variabele te maken, voeg je een dollarteken voor de naam toe, gevolgd door een toewijzingsoperator (=).

>Bijvoorbeeld: $naam = "John" maakt een variabele genaamd $naam en kent deze de waarde "John" toe.

Geschiedenis van opdrachten

Je kunt de pijltjestoetsen omhoog en omlaag gebruiken om door je vorige opdrachten te bladeren. Dit is handig om eerder gebruikte opdrachten opnieuw te gebruiken.

Ondersteuning voor wildcards

PowerShell ondersteunt het gebruik van wildcards zoals * (asterisk) en ? (vraagteken) om patroonovereenkomsten in opdrachten te vinden.

> Bijvoorbeeld: Get-Service *spool* geeft alle services weer waarvan de naam "spool" bevat.

Door te experimenteren met de PowerShell-prompt en regelmatig te oefenen, kun je snel wennen aan de interactieve werking ervan en kun je meer complexe taken uitvoeren door gebruik te maken van de krachtige mogelijkheden van PowerShell-cmdlets en uitdrukkingen.

Hoofdstuk 2: PowerShell Opdrachten (Cmdlets)

Werken met cmdlets

Het werken met cmdlets (commandlets) is een essentieel onderdeel van het gebruik van PowerShell. Cmdlets zijn de bouwstenen van PowerShell-opdrachten en stellen gebruikers in staat om specifieke acties uit te voeren. Hier zijn enkele belangrijke punten om te weten bij het werken met cmdlets.

Cmdlet-syntaxis

De algemene syntaxis van een cmdlet is als volgt: Verb-Naam.

"Verb" is een werkwoord dat de actie aangeeft die de cmdlet uitvoert, en "Naam" is een zelfstandig naamwoord dat aangeeft op welk doel de actie wordt uitgevoerd.

Bijvoorbeeld: Get-Process, waarbij "Get" het werkwoord is dat de actie 'ophalen' aangeeft, en "Process" het zelfstandig naamwoord is dat het doel, de 'processen', aangeeft.

Parameters en opties

Cmdlets kunnen parameters hebben die extra informatie en opties bieden voor de uit te voeren actie.

Parameters worden meestal voorafgegaan door een streepje, bijvoorbeeld -Name, -Path, -Filter, etc.

Bijvoorbeeld: Get-ChildItem -Path C:\Windows geeft een lijst van items weer in de map "C:\Windows".

Helpinformatie

Om te weten welke parameters en opties een cmdlet heeft en hoe je deze correct gebruikt, kun je de Get-Help cmdlet gebruiken.

Typ bijvoorbeeld Get-Help Get-Process om de hulpinformatie voor de Get-Process cmdlet te bekijken.

Aliassen

PowerShell biedt vaak kortere namen voor veelgebruikte cmdlets, deze worden aliassen genoemd.

> Bijvoorbeeld: ls is een alias voor Get-ChildItem, en dir is een alias voor Get-ChildItem. Beide cmdlets geven een lijst van items in de huidige map weer.

Pipeline-gebruik

Met behulp van de pipeline kun je de uitvoer van de ene cmdlet doorgeven als invoer naar de volgende cmdlet.

Bijvoorbeeld: Get-Process | Sort-Object CPU geeft een lijst van processen weer, gesorteerd op CPU-gebruik.

Output formatteren

Cmdlets retourneren vaak gestructureerde objecten als uitvoer, maar de standaardweergave kan soms overweldigend zijn.

Gebruik de cmdlets Format-Table, Format-List of Format-Wide om de uitvoer op een georganiseerde en leesbare manier weer te geven.

Foutafhandeling

Cmdlets kunnen fouten genereren als er problemen zijn tijdens de uitvoering van de actie. PowerShell biedt mechanismen voor foutafhandeling om hiermee om te gaan.

Door te leren werken met verschillende cmdlets, hun parameters en het gebruik van de pipeline, kun je PowerShell effectief gebruiken voor een breed scala aan beheertaken en automatiseringsscenario's. Met de hulp van de Get-Help cmdlet kun je gemakkelijk de juiste syntaxis en functionaliteit van cmdlets ontdekken, wat je helpt bij het bouwen van krachtige PowerShell-opdrachten.

Gebruik van parameters en opties

Het gebruik van parameters en opties in PowerShell-cmdlets is een essentieel concept om de functionaliteit van cmdlets aan te passen en specifieke acties uit te voeren. Parameters worden gebruikt om extra informatie mee te geven aan een cmdlet en kunnen de manier waarop de cmdlet werkt, beïnvloeden. Hier zijn enkele belangrijke punten over het gebruik van parameters en opties in PowerShell:

Parameters

Parameters zijn waarden die worden doorgegeven aan een cmdlet om specifieke instructies te geven over wat de cmdlet moet doen.

Parameters worden meestal voorafgegaan door een streepje (-) en kunnen een waarde bevatten die de actie van de cmdlet beïnvloedt.

> Bijvoorbeeld: Get-ChildItem -Path C:\Windows gebruikt de parameter -Path om aan te geven dat de Get-ChildItem cmdlet de inhoud van de map "C:\Windows" moet ophalen.

Korte en lange parameternotaties

Veel parameters hebben zowel een korte als een lange notatie. De korte notatie is meestal een enkele letter en wordt voorafgegaan door een enkel streepje (-), terwijl de lange notatie bestaat uit de volledige naam van de parameter en wordt voorafgegaan door twee streepjes (—).

Bijvoorbeeld: Get-Process -Name "notepad" en Get-Process—Name "notepad" doen beide hetzelfde; ze halen alle processen op met de naam "notepad".

Vereiste en optionele parameters

Sommige parameters zijn vereist voor een cmdlet om correct te kunnen werken, terwijl andere optioneel zijn.

Wanneer een vereiste parameter ontbreekt, geeft PowerShell een foutmelding. Optionele parameters kunnen worden weggelaten, omdat ze al standaardwaarden hebben.

Schakelopties

Sommige cmdlets hebben booleaanse parameters, ook wel schakelopties genoemd. Deze parameters zijn aan/uit-instellingen en hoeven geen waarde te hebben. Als de schakeloptie wordt opgegeven, wordt deze geactiveerd, anders wordt deze gedeactiveerd.

Bijvoorbeeld: Get-ChildItem -Recurse vraagt de Get-ChildItem cmdlet om alle items recursief op te halen, terwijl Get-ChildItem zonder de -Recurse parameter alleen de items in de huidige map ophaalt.

Waarden voor parameters

Parameters kunnen verschillende soorten waarden accepteren, zoals tekst (strings), numerieke waarden, datum/tijd, booleans, enz.

Parameters kunnen enkele waarden aannemen (bijvoorbeeld -Name "John") of meerdere waarden (bijvoorbeeld -Name "John", "Alice").

Ondersteuning verkrijgen

Je kunt de beschikbare parameters en hun mogelijke waarden bekijken door de Get-Help cmdlet te gebruiken.

Typ bijvoorbeeld Get-Help Get-Process om de hulpinformatie voor de Get-Process cmdlet te bekijken, inclusief de beschikbare parameters en hun uitleg.

Door de juiste parameters te gebruiken, kun je de functionaliteit van cmdlets aanpassen aan je specifieke behoeften en complexere taken uitvoeren met behulp van de krachtige opties die PowerShell biedt. Het begrijpen van de beschikbare parameters en hun gebruik is van vitaal belang om PowerShell effectief te gebruiken voor systeembeheer en automatisering.

Zoeken naar en filteren van gegevens

In PowerShell zijn het zoeken naar en filteren van gegevens essentiële taken om specifieke informatie uit de resultaten van cmdlets te halen. PowerShell biedt verschillende cmdlets om deze taken uit te voeren. Hier zijn enkele veelgebruikte cmdlets voor het zoeken naar en filteren van gegevens:

Select-Object

De Select-Object cmdlet wordt gebruikt om specifieke eigenschappen van objecten te selecteren en weer te geven in de uitvoer. Het kan ook worden gebruikt om nieuwe eigenschappen te berekenen en toe te voegen aan de uitvoer.

> Bijvoorbeeld: Get-Process | Select-Object Name, CPU toont alleen de naam en het CPU-gebruik van de actieve processen.

Where-Object

De Where-Object cmdlet wordt gebruikt om objecten te filteren op basis van bepaalde voorwaarden. Het gebruikt scriptblokken om de voorwaarden te definiëren waaraan objecten moeten voldoen om te worden opgenomen in de uitvoer.

> Bijvoorbeeld: Get-Service | Where-Object { $_.Status -eq "Running" } toont alleen services waarvan de status "Running" is.

Sort-Object

De Sort-Object cmdlet sorteert objecten op basis van een of meerdere eigenschappen. Je kunt aangeven of de sortering oplopend (-Ascending) of aflopend (-Descending) moet zijn.

Bijvoorbeeld: Get-ChildItem | Sort-Object Length -Descending sorteert de bestanden en mappen in de huidige map op basis van hun grootte in aflopende volgorde.

Measure-Object

De Measure-Object cmdlet berekent statistieken voor numerieke eigenschappen van objecten, zoals de som, het gemiddelde, het maximum en het minimum.

Bijvoorbeeld: Get-Process | Measure-Object CPU -Average berekent het gemiddelde CPU-gebruik van alle processen.

-Filter parameter

Sommige cmdlets, zoals Get-Process, Get-Service en Get-ChildItem, ondersteunen de -Filter parameter om te zoeken en te filteren op basis van specifieke criteria.

Bijvoorbeeld: Get-Process -Filter { CPU -gt 50 } haalt alleen processen op waarvan het CPU-gebruik hoger is dan 50%.

-Include en -Exclude parameters

Deze parameters kunnen worden gebruikt met cmdlets die meerdere items ophalen, zoals Get-ChildItem en Get-Service, om specifieke items op te nemen of uit te sluiten op basis van hun naam of eigenschappen.

> Bijvoorbeeld: Get-ChildItem -Path C:\ -Include *.txt haalt alle tekstbestanden op in de map "C:".

Door deze cmdlets te combineren en geschikte voorwaarden te gebruiken, kun je de gewenste gegevens uit de resultaten van cmdlets halen en je zoekopdrachten en filters aanpassen aan specifieke scenario's en vereisten. Hiermee kun je de uitvoer van cmdlets nauwkeurig beheren en alleen de relevante gegevens verkrijgen die je nodig hebt.

Gegevens sorteren en groeperen

In PowerShell kun je gegevens sorteren en groeperen met behulp van verschillende cmdlets. Sorteren is handig om de resultaten op een bepaalde volgorde te presenteren, terwijl groeperen gegevens organiseert op basis van overeenkomende eigenschappen. Hier zijn enkele veelgebruikte cmdlets voor het sorteren en groeperen van gegevens.

Sort-Object

De Sort-Object cmdlet wordt gebruikt om gegevens te sorteren op basis van een of meerdere eigenschappen. Je kunt aangeven of de sortering oplopend (-Ascending) of aflopend (-Descending) moet zijn.

Bijvoorbeeld: Get-Process | Sort-Object CPU -Descending sorteert de actieve processen op basis van hun CPU-gebruik in aflopende volgorde.

Group-Object

De Group-Object cmdlet wordt gebruikt om gegevens te groeperen op basis van een of meerdere eigenschappen. Het maakt groepen van objecten met dezelfde waarden voor de gespecificeerde eigenschappen.

Bijvoorbeeld: Get-Process | Group-Object -Property Company groepeert de actieve processen op basis van de uitgever (het bedrijf) van de software.

Format-Table

De Format-Table cmdlet wordt vaak gebruikt in combinatie met sorteer- en groepscmdlets om de gegevens in een georganiseerde tabelvorm weer te geven.

> Bijvoorbeeld: Get-Process | Sort-Object CPU -Descending | Format-Table Name, CPU sorteert de actieve processen op CPU-gebruik in aflopende volgorde en toont alleen de naam en het CPU-gebruik in een tabel.

Format-List

De Format-List cmdlet wordt gebruikt om gegevens te formatteren en weer te geven als een lijst met eigenschappen en waarden voor elk object.

> Bijvoorbeeld: Get-Process | Format-List Name, CPU toont de naam en het CPU-gebruik van de actieve processen als een lijst.

ForEach-Object

De ForEach-Object cmdlet wordt gebruikt om een reeks objecten te doorlopen en een scriptblok uit te voeren voor elk object. Het kan nuttig zijn om gegevens aan te passen voordat ze worden gesorteerd of gegroepeerd.

Bijvoorbeeld: Get-Process | ForEach-Object { $_.Name.ToUpper() } zet de namen van alle processen om naar hoofdletters.

Met behulp van deze cmdlets kun je gegevens in PowerShell effectief sorteren en groeperen op basis van specifieke eigenschappen. Hierdoor kun je de uitvoer beter beheren en georganiseerde resultaten krijgen voor analyse of presentatie. Experimenteer met verschillende combinaties van cmdlets om de gewenste resultaten te verkrijgen voor je specifieke behoeften.

Bestandsbeheer met PowerShell-cmdlets

Met PowerShell-cmdlets kun je verschillende bestandsbeheertaken uitvoeren, zoals het maken, kopiëren, verplaatsen, hernoemen en verwijderen van bestanden en mappen. Hier zijn enkele veelgebruikte PowerShell-cmdlets voor bestandsbeheer.

Get-ChildItem

De Get-ChildItem cmdlet (ook bekend als dir of ls als alias) wordt gebruikt om een lijst van bestanden en mappen in een bepaalde map weer te geven.

> Bijvoorbeeld: Get-ChildItem C:\Users toont een lijst van bestanden en mappen in de map "C:\Users".

New-Item

De New-Item cmdlet wordt gebruikt om nieuwe bestanden en mappen te maken.

Bijvoorbeeld: New-Item -ItemType File -Path "C:\Temp\newfile.txt" maakt een nieuw tekstbestand met de naam "newfile.txt" in de map "C:\Temp".

Copy-Item

De Copy-Item cmdlet wordt gebruikt om bestanden en mappen te kopiëren.

>Bijvoorbeeld: Copy-Item "C:\Temp\file.txt" "D:\Backup\" kopieert het bestand "file.txt" naar de map "D:\Backup".

Move-Item

De Move-Item cmdlet wordt gebruikt om bestanden en mappen te verplaatsen of te hernoemen.

Bijvoorbeeld: Move-Item "C:\Temp\file.txt" "C:\Documents\" verplaatst het bestand "file.txt" naar de map "C:\Documents" en hernoemt het naar "file_new.txt".

Rename-Item

De Rename-Item cmdlet wordt gebruikt om bestanden en mappen te hernoemen zonder ze te verplaatsen.

Bijvoorbeeld: Rename-Item "C:\Temp\oldfile.txt" -NewName "newfile.txt" hernoemt het bestand "oldfile.txt" naar "newfile.txt" in dezelfde map.

Remove-Item

De Remove-Item cmdlet (ook bekend als del of rm als alias) wordt gebruikt om bestanden en mappen te verwijderen.

Bijvoorbeeld: Remove-Item "C:\Temp\file.txt" verwijdert het bestand "file.txt" uit de map "C:\Temp".

Test-Path

De Test-Path cmdlet wordt gebruikt om te controleren of een bestand of map bestaat op een opgegeven locatie.

>Bijvoorbeeld: Test-Path "C:\Temp\file.txt" controleert of het bestand "file.txt" bestaat in de map "C:\Temp" en retourneert "True" of "False".

Met deze cmdlets kun je efficiënt en effectief bestandsbeheertaken uitvoeren in PowerShell. Zorg ervoor dat je de juiste locaties en bestandsnamen opgeeft bij het uitvoeren van deze cmdlets om onbedoelde wijzigingen in bestanden en mappen te voorkomen. Het is ook raadzaam om regelmatig back-ups te maken van belangrijke bestanden voordat je bestandsbeheeracties uitvoert.

Hoofdstuk 3: PowerShell Scripting

Kennismaking met PowerShell-scripts

Welkom bij de kennismaking met PowerShell-scripts! PowerShell-scripts zijn een reeks instructies geschreven in de PowerShell-scripttaal om taken te automatiseren, systeembeheer te vergemakkelijken en complexe bewerkingen uit te voeren. Hier zijn enkele basisconcepten om te beginnen met het schrijven van PowerShell-scripts:

Scriptbestanden

PowerShell-scripts worden vaak opgeslagen in bestanden met de extensie ".ps1". Dit zijn tekstbestanden die PowerShell-opdrachten en -instructies bevatten.

Teksteditor

Je kunt elke teksteditor gebruiken om PowerShell-scripts te maken. Populaire teksteditors zoals Notepad, Visual Studio Code of PowerShell ISE (Integrated Scripting Environment) zijn handige opties.

Commentaar

Je kunt commentaar toevoegen aan je script om je code te beschrijven en notities te maken. Opmerkingen worden voorafgegaan door het symbool #.

Bijvoorbeeld: # Dit is een voorbeeldcommentaar.

Cmdlets in scripts

Gebruik dezelfde cmdlets die je in de interactieve PowerShell-prompt zou gebruiken, maar zet ze in het scriptbestand. Voer ze op dezelfde manier in, maar elk commando op een nieuwe regel.

Bijvoorbeeld:
mathematica
Copy code
Get-Process
Get-Service

Variabelen

Je kunt variabelen gebruiken om waarden op te slaan die je later in het script wilt gebruiken. Variabelen beginnen met een dollarteken $.

Bijvoorbeeld: $naam = "John"

Schrijven naar de uitvoer

Om gegevens weer te geven tijdens het uitvoeren van een script, kun je Write-Host of gewoon de variabelen of resultaten van cmdlets op de regel typen.

Bijvoorbeeld: Write-Host "Hallo, $naam"

Uitvoeringsbeleid

Standaard staat de uitvoeringsbeleidsinstelling op veel systemen op "Restricted", wat betekent dat scripts standaard niet worden uitgevoerd. Je moet mogelijk de uitvoeringsbeleidsinstelling wijzigen om je eigen scripts te kunnen uitvoeren.

Gebruik de PowerShell-prompt als beheerder en voer het commando Set-ExecutionPolicy Unrestricted in om het uitvoeringsbeleid tijdelijk te wijzigen.

Uitvoeren van scripts

Om een PowerShell-script uit te voeren, open je een PowerShell-prompt, navigeer je naar de locatie van het scriptbestand en voer je de naam van het scriptbestand in (bijvoorbeeld .\script.ps1).

Oefenen

Oefen met eenvoudige scripts om te wennen aan de syntaxis en de basisconcepten van PowerShell. Bouw langzaam je scripts uit naarmate je vertrouwder wordt met de taal.

Onthoud dat PowerShell een krachtige taal is voor systeembeheer en automatisering. Met scripts kun je taken stroomlijnen, repetitieve acties automatiseren en complexe bewerkingen uitvoeren, waardoor je tijd en moeite bespaart bij het beheren van je systeemomgeving. Veel succes met het leren van PowerShell-scripts!

Variabelen en datatypes

Variabelen en datatypes zijn fundamentele concepten in programmeertalen, waaronder PowerShell. In PowerShell kun je variabelen gebruiken om gegevens op te slaan en te manipuleren. Hier zijn de belangrijkste aspecten van variabelen en datatypes in PowerShell:

Variabelen in PowerShell

Een variabele is een benoemde opslaglocatie in het geheugen waarin gegevens kunnen worden opgeslagen.

In PowerShell worden variabelen voorafgegaan door een dollarteken ($). Bijvoorbeeld: $naam, $leeftijd, $salaris.

Je kunt een variabele toewijzen met behulp van de toewijzingsoperator (=). Bijvoorbeeld: $naam = "John"

Datatypes in PowerShell

PowerShell is een dynamisch getypeerde taal, wat betekent dat je geen expliciete datatypes hoeft te definiëren bij het maken van variabelen. PowerShell bepaalt het datatype automatisch op basis van de waarde die je toewijst aan de variabele.

Enkele veelvoorkomende datatypes in PowerShell zijn:

- Strings: Tekstuele gegevens, bijvoorbeeld "Hallo" or 'Wereld'.
- Integers: Gehele getallen, bijvoorbeeld 42, 100.
- Decimals: Decimale getallen, bijvoorbeeld 3.14, 2.5.
- Booleans: Waar of onwaar (True of False).
- Arrays: Een verzameling van waarden gescheiden door komma's, bijvoorbeeld @("Appel", "Banaan", "Sinaasappel").
- HashTables: Een verzameling van sleutel-waardeparen, bijvoorbeeld @{ "Naam" = "John"; "Leeftijd" = 30 }.

Controleren van het datatype

Om het datatype van een variabele te controleren, kun je de GetType()-methode gebruiken of de GetType().FullName-eigenschap raadplegen.

>Bijvoorbeeld: $leeftijd.GetType().FullName

Conversie van datatypes

Als je wilt dat een variabele een specifiek datatype heeft, kun je expliciete conversies gebruiken.

> Bijvoorbeeld: $getal = [int]"42" forceert de waarde "42" om een integer te zijn, zelfs als het eerder als string was opgeslagen.

Speciale variabelen

PowerShell heeft enkele speciale variabelen die vooraf zijn gedefinieerd, zoals:

$true en $false: Booleans die respectievelijk "waar" en "onwaar" vertegenwoordigen.

$null: Een speciale waarde die aangeeft dat een variabele geen waarde heeft.

$_: De huidige pipeline-input (voornamelijk gebruikt in foreach-loops en Where-Object).

Bereik van variabelen

Variabelen hebben een bepaald bereik waarin ze geldig zijn. Lokale variabelen zijn alleen toegankelijk binnen het script of de functie waarin ze zijn gedefinieerd, terwijl globale variabelen overal in het script kunnen worden gebruikt.

Variabelen en datatypes zijn van cruciaal belang bij het schrijven van scripts en het beheren van gegevens in PowerShell. Door ze goed te begrijpen, kun je gegevens op de juiste manier manipuleren en de gewenste resultaten bereiken bij het automatiseren van taken en het beheren van systeemomgevingen.

Beslissingen nemen met voorwaardelijke verklaringen

Beslissingen nemen met voorwaardelijke verklaringen is een belangrijk concept in programmeren, waaronder PowerShell. Het stelt je in staat om verschillende acties uit te voeren op basis van de waarheidswaarde van bepaalde voorwaarden. In PowerShell kun je voorwaardelijke verklaringen maken met behulp van de if, elseif en else constructies. Hier is hoe je beslissingen kunt nemen met voorwaardelijke verklaringen in PowerShell.

if-verklaring

De if-verklaring wordt gebruikt om een enkele voorwaarde te controleren en een actie uit te voeren als de voorwaarde waar is.

```
if (voorwaarde) {
# Voer actie uit als de voorwaarde waar is
}
```

Voorbeeld:

```powershell
Copy code
$leeftijd = 25
if ($leeftijd -ge 18) {
Write-Host "Je bent volwassen."
}
```

if-else-verklaring

De if-else-verklaring wordt gebruikt om een actie uit te voeren als de voorwaarde waar is, en een andere actie uit te voeren als de voorwaarde niet waar is.

```
if (voorwaarde) {
# Voer actie uit als de voorwaarde waar is
}
else {
# Voer actie uit als de voorwaarde niet waar is
}
```

Voorbeeld

```
$leeftijd = 15
if ($leeftijd -ge 18) {
Write-Host "Je bent volwassen."
}
else {
Write-Host "Je bent minderjarig."
}
```

if-elseif-else-verklaring

De if-elseif-else-verklaring wordt gebruikt om meerdere voorwaarden te controleren en verschillende acties uit te voeren op basis van welke voorwaarde waar is.

```
if (voorwaarde1) {
# Voer actie uit als voorwaarde1 waar is
}
elseif (voorwaarde2) {
# Voer actie uit als voorwaarde2 waar is
}
else {
# Voer actie uit als geen van de voorwaarden waar is
}
```

Voorbeeld

```
$leeftijd = 65
if ($leeftijd -lt 18) {
Write-Host "Je bent minderjarig."
}
elseif ($leeftijd -ge 18 -and $leeftijd -lt 65) {
Write-Host "Je bent volwassen."
}
else {
Write-Host "Je bent een senior."
}
```

Met voorwaardelijke verklaringen kun je PowerShell-scripts dynamisch maken en specifieke acties uitvoeren op basis van de omstandigheden. Dit is vooral handig bij het automatiseren van complexe taken en het beheren van systeemomgevingen, waarbij je verschillende beslissingen moet nemen op basis van de huidige situatie.

Herhaling met lussen

Herhaling met lussen is een krachtig concept in programmeren waarmee je een reeks instructies kunt herhalen totdat aan bepaalde voorwaarden is voldaan. In PowerShell zijn er twee veelgebruikte lussen: for en while. Hier is hoe je herhaling kunt bereiken met behulp van lussen in PowerShell.

for-lus

De for-lus wordt gebruikt om een blok code een specifiek aantal keren uit te voeren.

```
for ($i = startwaarde; $i -le eindwaarde; $i++) {
# Code die herhaald moet worden
}
```

Voorbeeld

```
for ($i = 1; $i -le 5; $i++) {
Write-Host "Dit is iteratie $i"
}
```

while-lus

De while-lus wordt gebruikt om een blok code te herhalen zolang een bepaalde voorwaarde waar is.

```
while (voorwaarde) {
# Code die herhaald moet worden
}
```

Voorbeeld

```
$teller = 1
while ($teller -le 5) {
Write-Host "Dit is iteratie $teller"
$teller++
}
```

do-while-lus

De do-while-lus werkt op dezelfde manier als de while-lus, maar de code in het lichaam van de lus wordt minstens één keer uitgevoerd voordat de voorwaarde wordt gecontroleerd.

```
do {
# Code die herhaald moet worden
} while (voorwaarde)
```

Voorbeeld

```
$getal = 1
do {
Write-Host "Getal: $getal"
$getal++
} while ($getal -le 5)
```

foreach-lus

De foreach-lus wordt gebruikt om een blok code uit te voeren voor elk element in een verzameling, zoals een array.

```
foreach ($item in $verzameling) {
# Code die voor elk item wordt herhaald
}
```

Voorbeeld

```
$fruit = @("Appel", "Banaan", "Sinaasappel")
foreach ($item in $fruit) {
Write-Host "Fruit: $item"
}
```

Met lussen kun je herhaalde taken uitvoeren en itereren over gegevens. Ze zijn handig bij het automatiseren van repetitieve taken en het verwerken van grote hoeveelheden gegevens. Wees voorzichtig om ervoor te zorgen dat de lus uiteindelijk stopt om oneindige lussen te voorkomen.

Functies en modules

Functies en modules zijn twee belangrijke concepten in PowerShell die de code modulair maken, hergebruik mogelijk maken en het beheer van complexe taken vergemakkelijken. Laten we elk concept kort bespreken.

Functies in PowerShell

Een functie is een benoemde blok code dat een specifieke taak uitvoert wanneer deze wordt aangeroepen. Het helpt om code te organiseren en te structureren.

Je kunt functies definiëren met behulp van de function-sleutelwoord in PowerShell.

Voorbeeld:

```
function Get-Square {
param (
[int]$getal
)
$kwadraat = $getal * $getal
return $kwadraat
}
```

Om de functie uit te voeren, roep je deze aan met de juiste argumenten:

```
$resultaat = Get-Square -getal 5
Write-Host "Het kwadraat van 5 is $resultaat"
```

Modules in PowerShell

Een module is een verzameling van functies, cmdlets, variabelen en andere resources die je kunt importeren in je PowerShell-sessie om extra functionaliteit toe te voegen.

Modules bevatten herbruikbare code en kunnen worden gedeeld tussen verschillende PowerShell-scripts en -sessies.

PowerShell biedt al veel ingebouwde modules, en je kunt ook je eigen modules maken.

Om een module te gebruiken, moet je deze eerst importeren met behulp van de Import-Module cmdlet.

Voorbeeld:

```
Import-Module ActiveDirectory
# Nu kun je de functies en cmdlets in de ActiveDirectory-module gebruiken
Get-ADUser -Filter {Name -like "John*"}
```

Parameters in functies

Functies kunnen parameters hebben, zoals we hebben gezien in het voorbeeld van de functie Get-Square. Parameters worden gebruikt om waarden aan de functie door te geven en het gedrag van de functie aan te passen op basis van die waarden.

Return in functies

De return-instructie in een functie wordt gebruikt om een waarde terug te geven vanuit de functie naar de oproeper.

In het voorbeeld van Get-Square wordt de berekende waarde van het kwadraat geretourneerd.

Functies en modules zijn krachtige hulpmiddelen in PowerShell die je code flexibel en onderhoudbaar maken. Ze kunnen worden gebruikt om complexe taken op te splitsen in kleinere, beheersbare stukken, waardoor je je PowerShell-scripts efficiënter en effectiever kunt maken.

Hoofdstuk 4: Geavanceerde PowerShell-functies

Werken met objecten en eigenschappen

In PowerShell werk je vaak met objecten en eigenschappen. Objecten zijn gegevensstructuren die verschillende eigenschappen bevatten, en elk van deze eigenschappen heeft een specifieke waarde. PowerShell maakt gebruik van objecten om informatie te vertegenwoordigen en te manipuleren. Hier is hoe je met objecten en eigenschappen kunt werken in PowerShell.

Objecten verkrijgen

PowerShell-cmdlets retourneren vaak objecten met eigenschappen als resultaat van de uitvoering.

> Bijvoorbeeld: Get-Process retourneert een lijst van procesobjecten met eigenschappen zoals Id, Name, CPU, etc.

Eigenschappen van objecten bekijken

Om de eigenschappen van een object te bekijken, kun je de punt (.) notatie gebruiken.

> Bijvoorbeeld: $process = Get-Process chrome slaat het procesobject van Google Chrome op in de variabele $process. Je kunt nu de eigenschappen ervan bekijken met $process.Name, $process.Id, $process.CPU, etc.

Eigenschappen weergeven

Je kunt ook de Select-Object cmdlet gebruiken om specifieke eigenschappen van een object weer te geven.

Bijvoorbeeld: Get-Process | Select-Object Name, CPU toont alleen de naam en het CPU-gebruik van de actieve processen.

Eigenschappen bijwerken

Soms wil je de waarde van een eigenschap van een object wijzigen. Je kunt dit doen door simpelweg een nieuwe waarde toe te wijzen aan de eigenschap.

> Bijvoorbeeld: $process.PriorityClass = "High" wijzigt de prioriteitsklasse van het procesobject $process naar "High".

Nieuwe objecten maken

Je kunt ook nieuwe objecten maken en hun eigenschappen instellen met behulp van de New-Object cmdlet.

> Bijvoorbeeld: $newObject = New-Object PSObject -Property @{ "Naam" = "John"; "Leeftijd" = 30 } creëert een nieuw PowerShell-object met de eigenschappen "Naam" en "Leeftijd".

Werken met array-objecten

PowerShell maakt vaak gebruik van arrays van objecten. In een array kunnen meerdere objecten met dezelfde of verschillende eigenschappen worden opgeslagen.

> Bijvoorbeeld: $array = @(Get-Process) slaat een array op van alle actieve procesobjecten.

Eigenschappen filteren

Je kunt de Where-Object cmdlet gebruiken om objecten te filteren op basis van specifieke eigenschappen.

Bijvoorbeeld: Get-Process | Where-Object { $_.CPU -gt 50 } toont alleen processen waarvan het CPU-gebruik hoger is dan 50%.

Met deze kennis kun je effectief werken met objecten en eigenschappen in PowerShell. Objecten en hun eigenschappen zijn de bouwstenen van de informatie die je verwerkt in je PowerShell-scripts, waardoor je gegevens kunt beheren en manipuleren om complexe taken uit te voeren.

Aan de slag met reguliere expressies

Aan de slag gaan met reguliere expressies in PowerShell stelt je in staat om geavanceerd zoeken en manipuleren van tekst uit te voeren. Reguliere expressies, ook wel regex genoemd, zijn patronen die worden gebruikt om tekstreeksen te matchen en te manipuleren. Hier zijn de basisstappen om aan de slag te gaan met reguliere expressies in PowerShell.

Zoeken met reguliere expressies

Om te zoeken naar een patroon in een tekstreeks, gebruik je het -match operator in PowerShell met het reguliere expressiepatroon tussen aanhalingstekens.

```
$tekst = "Dit is een voorbeeldtekst."
if ($tekst -match "voorbeeld") {
Write-Host "Patroon gevonden!"
} else {
Write-Host "Patroon niet gevonden."
}
```

Gebruik van de Select-String cmdlet

De Select-String cmdlet wordt vaak gebruikt om reguliere expressies te gebruiken bij het doorzoeken van bestanden en tekst.

Bijvoorbeeld: Get-Content bestand.txt | Select-String -Pattern "zoekpatroon"

Speciale tekens in reguliere expressies

Reguliere expressies bevatten speciale tekens om patronen aan te geven:

.: Komt overeen met elk enkel teken, behalve een nieuwe regel.

*: Komt overeen met nul of meer voorkomens van het vorige teken.

+: Komt overeen met één of meer voorkomens van het vorige teken.

?: Komt overeen met nul of één voorkomen van het vorige teken.

^: Komt overeen met het begin van de tekstreeks.

$: Komt overeen met het einde van de tekstreeks.

\: Wordt gebruikt om een speciaal karakter te ontsnappen, bijvoorbeeld \., \\.

Karakterklassen

Karakterklassen stellen je in staat om specifieke sets van tekens te matchen:

[0-9]: Komt overeen met elk cijfer.

[a-zA-Z]: Komt overeen met elk letterkarakter, zowel hoofdletters als kleine letters.

Groeperen

Groeperen wordt gedaan met haakjes (en) om de voorkeursvolgorde van operatoren aan te geven.

Achterwaartse verwijzing

Met behulp van de haakjes kun je tekst vastleggen en deze later opnieuw gebruiken in de reguliere expressie met behulp van achterwaartse verwijzing.

De -replace operator

Met de -replace operator kun je reguliere expressies gebruiken om tekst te vervangen door een ander patroon.

Reguliere expressies kunnen behoorlijk complex worden, maar met oefening en ervaring kun je ze efficiënt gebruiken om te zoeken, vervangen en tekstmanipulaties uit te voeren in PowerShell-scripts. Er zijn veel online bronnen en reguliere expressie-testers om je te helpen bij het maken en testen van je reguliere expressies.

Werken met XML- en JSON-gegevens

Werken met XML- en JSON-gegevens is een veelvoorkomende taak in PowerShell. PowerShell biedt ingebouwde cmdlets om XML- en JSON-gegevens te importeren, te bewerken en te exporteren. Hier zijn de basisstappen om met XML- en JSON-gegevens te werken in PowerShell.

Werken met XML-gegevens

XML importeren:
Gebruik de Get-Content cmdlet om een XML-bestand te lezen en converteer het naar een XML-object met behulp van de [xml] type accelerator.

```
$xmlContent = Get-Content -Path "voorbeeld.xml"
$xmlObject = [xml]$xmlContent
```

XML-gegevens bekijken:
Je kunt nu door het XML-object navigeren en de gegevens weergeven met behulp van de eigenschappen van het XML-object.

```
# Toon de waarde van een specifieke XML-eigenschap
Write-Host "Naam: $($xmlObject.Person.Name)"

# Toon alle waarden van een XML-node
$xmlObject.Person | ForEach-Object {
Write-Host "Naam: $($_.Name), Leeftijd: $($_.Age)"
}
```

XML exporteren:
Als je wijzigingen hebt aangebracht in het XML-object en deze wilt opslaan in een XML-bestand, gebruik dan de Out-File cmdlet.

```
$xmlObject.Save("gewijzigd_voorbeeld.xml")
```

Werken met JSON-gegevens

JSON importeren:
Gebruik de Get-Content cmdlet om een JSON-bestand te lezen en converteer het naar een PowerShell-object met behulp van de ConvertFrom-Json cmdlet.

```
$jsonContent = Get-Content -Path "voorbeeld.json" -Raw
$jsonObject = $jsonContent | ConvertFrom-Json
```

JSON-gegevens bekijken:
Je kunt nu door het PowerShell-object navigeren en de gegevens weergeven met behulp van de eigenschappen van het object.

```
# Toon de waarde van een specifieke JSON-eigenschap
Write-Host "Naam: $($jsonObject.Person.Name)"

# Toon alle waarden van een JSON-array
$jsonObject.Person | ForEach-Object {
Write-Host "Naam: $($_.Name), Leeftijd: $($_.Age)"
}
```

JSON exporteren:
Als je wijzigingen hebt aangebracht in het PowerShell-object en deze wilt opslaan in een JSON-bestand, gebruik dan de ConvertTo-Json cmdlet.

```
$jsonObject | ConvertTo-Json | Out-File -FilePath "gewijzigd_voorbeeld.json"
```

Met deze basisstappen kun je XML- en JSON-gegevens importeren, bekijken, bewerken en exporteren in PowerShell. Deze mogelijkheden zijn handig bij het werken met API's, configuratiebestanden en andere gegevensbronnen die XML- of JSON-indeling gebruiken.

WMI en CIM in PowerShell

WMI (Windows Management Instrumentation) en CIM (Common Information Model) zijn twee technologieën die PowerShell gebruikt om informatie over het Windows-besturingssysteem en andere beheerde bronnen op te halen en te beheren. Ze bieden een gestandaardiseerde manier om toegang te krijgen tot systeem- en beheerinformatie, zoals hardware, processen, services, netwerkinstellingen en meer. In PowerShell kun je zowel WMI als CIM gebruiken om deze gegevens te verkrijgen.

WMI (Windows Management Instrumentation)

WMI is een technologie van Microsoft die een infrastructuur biedt voor het beheer van Windows-systemen en andere bronnen.

In PowerShell kun je WMI-query's gebruiken om informatie op te vragen over WMI-klassen en -objecten.

Hier is een voorbeeld van het verkrijgen van informatie over het besturingssysteem met behulp van WMI:

```
$osInfo = Get-WmiObject -Class Win32_OperatingSystem

Write-Host "Besturingssysteem: $($osInfo.Caption)"

Write-Host "Versie: $($osInfo.Version)"

Write-Host "Buildnummer: $($osInfo.BuildNumber)"
```

WMI-cmdlets beginnen vaak met het voorvoegsel Get-WmiObject (ook wel bekend als gwmi).

CIM (Common Information Model)

CIM is een gestandaardiseerd model voor het beheer van informatietechnologie en is platformonafhankelijk. Het is ontwikkeld door DMTF (Distributed Management Task Force).

In PowerShell kun je CIM-cmdlets gebruiken om CIM-query's uit te voeren en informatie op te vragen over CIM-klassen en -objecten.

Hier is een voorbeeld van het verkrijgen van informatie over het besturingssysteem met behulp van CIM:

```
$osInfo = Get-CimInstance -ClassName Win32_OperatingSystem
Write-Host "Besturingssysteem: $($osInfo.Caption)"
Write-Host "Versie: $($osInfo.Version)"
Write-Host "Buildnummer: $($osInfo.BuildNumber)"
```

CIM-cmdlets beginnen vaak met het voorvoegsel Get-CimInstance (ook wel bekend als gcim).

Merk op dat CIM de voorkeursbenadering is voor het werken met beheergerelateerde gegevens in PowerShell, omdat het moderner en platformonafhankelijk is. WMI is nog steeds beschikbaar in PowerShell voor achterwaartse compatibiliteit, maar waar mogelijk wordt aangeraden CIM te gebruiken.

In beide gevallen kun je de resultaten van WMI- of CIM-query's gebruiken om informatie te verkrijgen en taken te automatiseren, zoals het controleren van services, het monitoren van systeemprestaties, het beheren van processen en nog veel meer.

Geavanceerde foutafhandeling

Geavanceerde foutafhandeling in PowerShell is een krachtig concept waarmee je nauwkeurige foutinformatie kunt verzamelen, specifieke acties kunt ondernemen op basis van het type fout en gecontroleerd kunt reageren op uitzonderlijke situaties in je scripts. Hier zijn enkele technieken voor geavanceerde foutafhandeling in PowerShell:

Try-Catch-Finally

Het Try-Catch-blok is een van de meest gebruikte methoden voor foutafhandeling. Het stelt je in staat om code in het Try-blok uit te voeren en eventuele fouten op te vangen en te verwerken in het Catch-blok.

```
try {

# Code die mogelijk een fout kan veroorzaken

Get-Item -Path "C:\NietBestaandeBestand.txt"

}

catch {

# Code die wordt uitgevoerd als er een fout optreedt

Write-Host "Fout opgetreden: $($_.Exception.Message)"

}

finally {

# Optioneel: Code die altijd wordt uitgevoerd, ongeacht of er een fout is opgetreden of niet

Write-Host "Foutafhandeling voltooid."

}
```

Trap

De trap-opdracht is een meer geavanceerde manier om fouten op te vangen en te verwerken. Het maakt het mogelijk om foutafhandeling op te zetten voor een bepaalde reeks cmdlets of codeblokken.

```
trap {
# Code die wordt uitgevoerd als er een fout optreedt
Write-Host "Fout opgetreden: $($_.Exception.Message)"
}

# Code die mogelijk een fout kan veroorzaken
Get-Item -Path "C:\NietBestaandeBestand.txt"
```

Foutvariabelen

PowerShell biedt ook enkele speciale variabelen voor foutafhandeling, zoals $Error en $ErrorActionPreference, waarmee je fouten kunt verzamelen en de standaard gedragingen voor foutafhandeling kunt aanpassen.

Aangepaste foutberichten

Je kunt ook aangepaste foutberichten maken om duidelijkere en meer informatieve foutmeldingen te genereren.

```
function Divide-Numbers {
param (
[int]$numerator,
[int]$denominator
)

if ($denominator -eq 0) {
throw "De noemer mag niet nul zijn."
}

return $numerator / $denominator
}

try {
Divide-Numbers -numerator 10 -denominator 0
}
catch {
Write-Host "Fout opgetreden: $_"
}
```

Geavanceerde foutlogboeken en rapporten

Je kunt geavanceerde foutafhandeling implementeren door foutlogboeken aan te maken en rapporten te genereren om problemen te identificeren en op te lossen.

Met geavanceerde foutafhandeling kun je de robuustheid en betrouwbaarheid van je PowerShell-scripts verbeteren. Het stelt je in staat om beter te reageren op onverwachte situaties en helpt je om problemen op te sporen en op te lossen.

Hoofdstuk 5: PowerShell in de Praktijk

Gebruik van PowerShell voor systeembeheer

PowerShell is een krachtige taal en tool die breed wordt gebruikt voor systeembeheerstaken op Windows-platforms. Het biedt systeembeheerders de mogelijkheid om taken te automatiseren, configuraties te beheren, en gegevens over het systeem te verzamelen en te controleren. Hier zijn enkele voorbeelden van het gebruik van PowerShell voor systeembeheer:

- Automatisering van taken: PowerShell kan repetitieve taken en beheerhandelingen automatiseren, zoals het maken van gebruikersaccounts, het instellen van machtigingen, het uitvoeren van back-ups, het plannen van taken, en meer.
- Configuratiebeheer: Met PowerShell Desired State Configuration (DSC) kunnen beheerders de gewenste configuratie van servers en clients definiëren en handhaven, waardoor een consistente en betrouwbare systeemconfiguratie wordt gehandhaafd.
- Servicebeheer: PowerShell maakt het mogelijk om services te beheren, zoals het starten, stoppen, pauzeren en hervatten van services. Dit is vooral handig bij het beheren van servertoepassingen en services.
- Procesbeheer: PowerShell kan worden gebruikt om processen te monitoren, te beëindigen en informatie over lopende processen te verkrijgen.
- Gegevensverzameling en -rapportage: PowerShell kan worden gebruikt om systeeminformatie te verzamelen en rapporten te genereren over systeemprestaties, opslag, netwerkstatus en meer.
- Netwerkbeheer: PowerShell biedt cmdlets voor netwerkbeheer, zoals het configureren van netwerkinterfaces,

firewallregels en het beheren van DNS-records.
- Gebruikersbeheer: PowerShell kan worden gebruikt voor het beheren van gebruikersaccounts, het instellen van machtigingen, het resetten van wachtwoorden en andere gebruikersgerelateerde taken.
- Actieve Directory-beheer: PowerShell kan worden gebruikt voor het beheer van Active Directory-objecten, zoals gebruikers, groepen, computers, en organisatie-eenheden.
- Serverbeheer: PowerShell kan worden gebruikt om Windows Server-rollen en -functies te beheren, zoals het instellen van IIS, DHCP, DNS, en nog veel meer.
- Beveiliging: PowerShell biedt mogelijkheden voor het controleren van beveiligingsinstellingen, het genereren van rapporten over beveiligingsgebeurtenissen, en het implementeren van beveiligingsbeleid.

Door PowerShell te gebruiken voor systeembeheer kunnen beheerders hun taken efficiënter uitvoeren, consistentie handhaven, en het risico op menselijke fouten verminderen. Het is een waardevol hulpmiddel voor het beheren van complexe IT-omgevingen en het automatiseren van dagelijkse beheertaken.

PowerShell voor netwerkbeheer

PowerShell is een uitstekende tool voor netwerkbeheer omdat het beheerders in staat stelt om efficiënt netwerkgerelateerde taken te automatiseren, netwerkconfiguraties te beheren en netwerkstatus te controleren. Hier zijn enkele voorbeelden van hoe PowerShell kan worden gebruikt voor netwerkbeheer:

- Netwerkinterfaces beheren: PowerShell kan worden gebruikt om netwerkinterfaces te configureren, in te schakelen, uit te schakelen, IP-adressen toe te wijzen, DNS-instellingen te wijzigen en meer.
- Firewallbeheer: PowerShell biedt cmdlets om Windows Firewall-regels te maken, wijzigen en beheren om het inkomende en uitgaande verkeer te reguleren.
- Netwerkmonitoring: PowerShell kan worden gebruikt om netwerkstatus te controleren en netwerkapparaten te monitoren. Je kunt bijvoorbeeld ping-tests uitvoeren, de netwerkverbinding controleren, traceroutes uitvoeren en poorten scannen.
- DHCP-beheer: PowerShell kan worden gebruikt om DHCP-configuraties te beheren, DHCP-scopes toe te voegen of te wijzigen, en DHCP-leases te bekijken.
- DNS-beheer: PowerShell biedt mogelijkheden voor het beheren van DNS-records, het toevoegen van DNS-zones en het configureren van DNS-instellingen.
- Netwerkshares: PowerShell kan worden gebruikt om netwerkshares te beheren, inclusief het maken, wijzigen en verwijderen van gedeelde mappen en machtigingen.
- Netwerkprinterbeheer: PowerShell kan worden gebruikt om netwerkprinters te beheren, inclusief het toevoegen, verwijderen en configureren van netwerkprinters.

- VPN-beheer: PowerShell kan worden gebruikt om VPN-configuraties te beheren, VPN-verbindingen te maken en te beheren.
- Netwerkbeveiliging: PowerShell kan worden gebruikt om beveiligingsinstellingen op netwerkapparaten te controleren, zoals router/firewall instellingen.
- Netwerkrapportage: PowerShell kan worden gebruikt om rapporten te genereren over netwerkstatus, bandbreedtegebruik, netwerkapparaten en meer.

Door PowerShell te gebruiken voor netwerkbeheer kunnen netwerkbeheerders repetitieve taken automatiseren, consistente configuraties handhaven, en snel problemen oplossen. Het biedt een gestructureerde en krachtige manier om netwerktaken uit te voeren en de netwerkomgeving effectief te beheren.

Automatisering van dagelijkse taken

Automatisering van dagelijkse taken is een van de grootste voordelen van PowerShell. Met PowerShell kunnen repetitieve en tijdrovende taken worden geautomatiseerd, waardoor de efficiëntie wordt verbeterd en menselijke fouten worden verminderd. Hier zijn enkele voorbeelden van dagelijkse taken die kunnen worden geautomatiseerd met PowerShell:

- Bestandsbeheer: PowerShell kan worden gebruikt om bestanden te kopiëren, verplaatsen, hernoemen en verwijderen op basis van bepaalde criteria, zoals bestandsnaam, extensie, datum en grootte.
- Map- en schijfbeheer: PowerShell kan worden gebruikt om mappen en schijven te maken, te beheren en informatie te verzamelen over de vrije en gebruikte ruimte.
- Gebruikersbeheer: PowerShell kan worden gebruikt om gebruikersaccounts aan te maken, te verwijderen, wachtwoorden te wijzigen, machtigingen toe te wijzen en gebruikersrapporten te genereren.
- Systeembeheer: PowerShell kan worden gebruikt voor het beheer van systeemconfiguraties, zoals het installeren van software, het configureren van netwerkinstellingen, het in- en uitschakelen van services, en het maken van systeemrapporten.
- Bestandssynchronisatie en back-up: PowerShell kan worden gebruikt om bestanden en mappen te synchroniseren tussen verschillende locaties en om back-ups te maken van belangrijke gegevens.
- Geplande taken: PowerShell-scripts kunnen worden gepland om automatisch op specifieke tijden of gebeurtenissen uit te voeren, zoals elke dag, elk uur of bij het opstarten van het

systeem.
- Netwerkbeheer: PowerShell kan worden gebruikt voor het beheer van netwerkapparaten, services, firewalls, VPN-verbindingen en meer.
- Databasemanagement: PowerShell kan worden gebruikt om databasebewerkingen uit te voeren, zoals het maken van databaseback-ups, het herstellen van gegevens en het uitvoeren van query's.
- Rapportage en meldingen: PowerShell kan worden gebruikt om rapporten en meldingen te genereren en ze per e-mail te verzenden aan beheerders.
- Active Directory-beheer: PowerShell kan worden gebruikt voor het beheer van Active Directory-objecten, zoals gebruikers, groepen, computers en organisatie-eenheden.

Automatisering met PowerShell bespaart niet alleen tijd en moeite, maar zorgt ook voor consistentie en nauwkeurigheid in de uitvoering van taken. Door dagelijkse taken te automatiseren, kunnen systeembeheerders zich richten op meer strategische en complexe taken, waardoor de productiviteit en efficiëntie van het IT-team toenemen.

PowerShell en security

PowerShell biedt een krachtige scripting- en automatiseringsmogelijkheden, maar vanwege die kracht kan het ook een beveiligingsrisico vormen als het onjuist wordt gebruikt. Daarom is het essentieel om PowerShell-scripts en -opdrachten op een veilige manier te gebruiken en te beheren. Hier zijn enkele belangrijke aspecten van PowerShell en security:

- Scriptuitvoeringbeleid: PowerShell heeft scriptuitvoeringbeleid dat bepaalt welke scripts wel of niet kunnen worden uitgevoerd op het systeem. Het is belangrijk om dit beleid zorgvuldig te configureren om ongewenste of potentieel gevaarlijke scripts te voorkomen.
- Digitale handtekeningen: Het is raadzaam om digitale handtekeningen te gebruiken voor PowerShell-scripts. Hierdoor kan het systeem controleren of een script is gewijzigd sinds de ondertekening, wat helpt bij het voorkomen van kwaadwillende aanpassingen.
- Least Privilege Principle: Geef PowerShell-scripts en -opdrachten alleen de minimale benodigde machtigingen. Gebruik het "Least Privilege" principe om ervoor te zorgen dat scripts alleen toegang hebben tot de bronnen die ze nodig hebben en geen onnodige toegang krijgen tot gevoelige gegevens of systeembronnen.
- Gebruikersrechtenbeheer: Beheer de rechten van gebruikers om PowerShell uit te voeren. Zorg ervoor dat alleen geautoriseerde gebruikers PowerShell-scripts kunnen uitvoeren en scripts die niet zijn ondertekend, niet kunnen worden uitgevoerd.
- Inputvalidatie: Zorg ervoor dat alle invoer die wordt gebruikt in PowerShell-scripts wordt gevalideerd om kwetsbaarheden

zoals code injection te voorkomen.
- Beveiligde opslag van referenties: Als je PowerShell-scripts met inloggegevens moet gebruiken, moet je zorgen voor een beveiligde opslag van de referenties, bijvoorbeeld met behulp van de Windows Credential Manager of beveiligde opslag van geheimen in Azure Key Vault.
- Monitoring en logging: Houd toezicht op PowerShell-activiteiten en stel uitgebreide logboekregistratie in om verdachte of ongebruikelijke activiteiten te identificeren.
- Bewustwording en training: Zorg ervoor dat alle gebruikers die PowerShell-scripts en -opdrachten gebruiken, voldoende getraind zijn in het veilig gebruik van PowerShell en bewust zijn van de mogelijke beveiligingsrisico's.
- Beveiligingsupdates: Zorg ervoor dat het besturingssysteem en PowerShell regelmatig worden bijgewerkt met de nieuwste beveiligingspatches om bekende kwetsbaarheden te verhelpen.
- Toegangscontrole tot PowerShell-cmdlets: Gebruik functies zoals "Role-Based Access Control (RBAC)" om te bepalen welke gebruikers toegang hebben tot bepaalde PowerShell-cmdlets, afhankelijk van hun rol in de organisatie.

Door deze beveiligingspraktijken te volgen, kun je PowerShell veilig gebruiken voor geautomatiseerde taken en systeembeheer, terwijl je tegelijkertijd de beveiliging en integriteit van je IT-omgeving beschermt.

PowerShell voor DevOps en CI/CD

PowerShell speelt een belangrijke rol in de wereld van DevOps (Development Operations) en Continuous Integration/Continuous Deployment (CI/CD). Het wordt vaak gebruikt voor automatisering, configuratiebeheer en het stroomlijnen van de ontwikkelings- en implementatieprocessen. Hier zijn enkele manieren waarop PowerShell wordt gebruikt in DevOps en CI/CD:

- Automatisering van build- en deployment-processen: PowerShell-scripts kunnen worden gebruikt om build- en deployment-processen te automatiseren, zoals het compileren van code, het pakken van artefacten en het implementeren van toepassingen op test- en productieomgevingen.
- Configuratiebeheer: PowerShell Desired State Configuration (DSC) wordt vaak gebruikt om de gewenste configuratie van servers en infrastructuur te definiëren en te handhaven. Hierdoor kan een consistente en betrouwbare infrastructuur worden gegarandeerd in verschillende omgevingen.
- Beheer van cloudservices: PowerShell biedt modules en cmdlets voor het beheren van cloudservices zoals Microsoft Azure en AWS. Hiermee kunnen DevOps-teams infrastructuur en resources in de cloud configureren en beheren.
- Gegevensbeheer: PowerShell kan worden gebruikt om gegevens te importeren, exporteren en transformeren tussen verschillende omgevingen en databases.
- Releasebeheer: PowerShell-scripts kunnen worden gebruikt om geautomatiseerde releaseprocessen te implementeren, inclusief het versiebeheer, testen en implementeren van nieuwe versies van applicaties.
- Monitoring en logging: PowerShell kan worden gebruikt om

logboeken en monitoring van applicaties en infrastructuur te configureren, zodat DevOps-teams de gezondheid en prestaties van hun omgevingen kunnen controleren.
- Automatisering van tests: PowerShell-scripts kunnen worden gebruikt om geautomatiseerde tests te schrijven en uit te voeren om de kwaliteit van software te waarborgen.
- Infrastructuurprovisionering: PowerShell kan worden gebruikt om virtuele machines, containers en andere infrastructuurbronnen te creëren en te beheren.
- Versiebeheer: PowerShell-scripts kunnen worden opgeslagen in versiebeheersystemen zoals Git om wijzigingen in scripts bij te houden en samen te werken aan automatiseringsoplossingen.
- Integratie met CI/CD-tools: PowerShell kan worden geïntegreerd met CI/CD-tools zoals Jenkins, Azure DevOps, GitLab CI/CD en meer om geautomatiseerde builds en implementaties te activeren.

Het gebruik van PowerShell in DevOps en CI/CD zorgt voor gestroomlijnde en efficiënte workflows, vermindert handmatige taken en bevordert herhaalbaarheid en consistentie in het ontwikkelingsproces. Het is een waardevolle tool voor het bouwen, testen en implementeren van software en infrastructuur in moderne softwareontwikkeling.

Hoofdstuk 6: Tips, Tricks en Tools

Handige tips voor efficiënt PowerShell-gebruik

Hier zijn enkele handige tips om efficiënt gebruik te maken van PowerShell:

- Gebruik van aliases: PowerShell heeft veel ingebouwde aliases voor cmdlets, zoals ls voor Get-ChildItem, dir voor Get-ChildItem, enz. Hoewel aliases handig kunnen zijn, is het beter om de volledige cmdletnamen te gebruiken voor duidelijkheid en leesbaarheid van de code.
- Tab-completion: PowerShell biedt tab-completion voor cmdletnamen, bestandsnamen, enz. Druk op de Tab-toets om de opdracht of het pad aan te vullen. Dit bespaart tijd bij het typen en voorkomt typfouten.
- Select-Object en Format-Table: Gebruik Select-Object om de gewenste eigenschappen van objecten te selecteren en Format-Table om de uitvoer in een georganiseerde tabelindeling weer te geven. Dit helpt bij het tonen van relevante informatie.
- Pijplijnen gebruiken: Gebruik pijplijnen (|) om de uitvoer van de ene cmdlet door te geven aan de volgende. Hierdoor kunnen meerdere bewerkingen in één regel worden uitgevoerd.
- $_ (Dollar underscore): $_ is een speciale variabele die vaak wordt gebruikt in PowerShell-scripts. Het vertegenwoordigt het huidige object in de pijplijn. Je kunt het gebruiken met cmdlets zoals ForEach-Object voor iteratie.
- Get-Help: Gebruik Get-Help om de documentatie van cmdlets en functies te raadplegen. Voeg -Examples toe om voorbeeldgebruik te zien.
- Functies gebruiken: Groepeer herhaalde code in functies om

code te vereenvoudigen en leesbaar te houden. Gebruik param om parameters aan de functie door te geven.
- Variables verduidelijken: Gebruik duidelijke en beschrijvende namen voor variabelen om de leesbaarheid van de code te verbeteren.
- PowerShell ISE: Gebruik de PowerShell Integrated Scripting Environment (ISE) voor scriptontwikkeling. Het biedt functies zoals syntaxhighlighting, intellisense en debugmogelijkheden.
- Test-NetConnection: De cmdlet Test-NetConnection kan handig zijn om de netwerkconnectiviteit te testen.
- Foutafhandeling: Gebruik Try-Catch-blokken voor geavanceerde foutafhandeling om onverwachte situaties te beheren en de uitvoering van scripts soepeler te laten verlopen.
- Gebruik van PowerShell Core: Als je op meerdere platformen werkt, gebruik dan PowerShell Core (PowerShell 7+), omdat het op verschillende besturingssystemen beschikbaar is.
- Gebruik modules: Maak gebruik van PowerShell-modules om herbruikbare code en functies te organiseren en te delen met andere scripts.

Door deze tips te volgen, kun je PowerShell op een efficiënte en effectieve manier gebruiken om diverse taken te automatiseren en beheren. Het verhoogt je productiviteit als ontwikkelaar of beheerder en helpt je om effectiever met PowerShell te werken.

Debugging en troubleshooting

Debugging en troubleshooting zijn essentiële vaardigheden bij het werken met PowerShell-scripts. Wanneer er fouten optreden in scripts of taken niet het gewenste resultaat opleveren, is het belangrijk om snel en effectief problemen op te lossen. Hier zijn enkele tips voor debugging en troubleshooting in PowerShell:

- Gebruik van Write-Host of Write-Output: Gebruik Write-Host of Write-Output om tussentijdse resultaten en variabelen in je script weer te geven. Dit helpt je om te begrijpen wat er gebeurt en waar problemen kunnen optreden.
- Gebruik van Set-PSDebug: Met Set-PSDebug kun je de debugmodus inschakelen in PowerShell. Hierdoor wordt extra informatie weergegeven over de uitvoering van je script, zoals variabelen en de volgorde van uitvoering.
- Try-Catch-blokken: Gebruik Try-Catch-blokken om geavanceerde foutafhandeling te implementeren. Dit stelt je in staat om fouten op te vangen en specifieke acties te ondernemen om de problemen op te lossen.
- Get-Help en -Examples: Raadpleeg de Get-Help-cmdlet om de documentatie en voorbeelden van cmdlets te bekijken. Hierdoor krijg je inzicht in de werking en het juiste gebruik van cmdlets.
- Gebruik van transcriptie: Schakel transcriptie in (Start-Transcript en Stop-Transcript) om de uitvoer en fouten van je script vast te leggen. Dit helpt je bij het analyseren van de uitvoer en het identificeren van problemen.
- Gebruik van breakpoints: In PowerShell ISE of Visual Studio Code kun je breakpoints instellen om de uitvoering van je script te pauzeren en variabelen te controleren op een bepaald

punt in de uitvoering.
- Controleren van variabelen: Controleer de waarden van variabelen op cruciale punten in je script om ervoor te zorgen dat ze de verwachte waarden hebben.
- Stapsgewijs uitvoeren: Als je een specifiek gedeelte van je script wilt controleren, kun je het stapsgewijs uitvoeren met de F8-toets in PowerShell ISE of met de debuggingfuncties van Visual Studio Code.
- Isoleren van problematische code: Probeer het probleem te isoleren door delen van je script uit te schakelen of te verwijderen om te bepalen welk deel van het script verantwoordelijk is voor het probleem.
- Online community en forums: Als je vastloopt bij het oplossen van een probleem, aarzel dan niet om online PowerShell-communities en forums te raadplegen. Andere PowerShell-gebruikers kunnen vaak nuttige inzichten en oplossingen bieden.

Door deze technieken te gebruiken, kun je effectief debuggen en troubleshooten in PowerShell, waardoor je snel en efficiënt problemen kunt oplossen en de betrouwbaarheid van je scripts kunt verbeteren.

Community en bronnen voor PowerShell

Er zijn veel waardevolle bronnen en actieve communities beschikbaar voor PowerShell-gebruikers. Hier zijn enkele populaire platforms en bronnen waar je kunt leren, samenwerken en bijdragen aan de PowerShell-gemeenschap:

- PowerShell Gallery: Dit is de officiële communitysite voor PowerShell-scripts, modules en opdrachten. Je kunt hier bestaande scripts en modules downloaden en je eigen bijdragen delen.

  Website: https://www.powershellgallery.com/

- PowerShell Documentation: De officiële documentatie van PowerShell biedt uitgebreide informatie, handleidingen, voorbeelden en referenties voor alle PowerShell-functies en cmdlets.

  Website: https://docs.microsoft.com/en-us/powershell/

- PowerShell Team Blog: Het blog van het PowerShell-team van Microsoft bevat regelmatig updates, nieuws, aankondigingen en nuttige artikelen over PowerShell.

  Website: https://devblogs.microsoft.com/powershell/

- Stack Overflow: Stack Overflow is een geweldige plek om vragen te stellen en te beantwoorden over PowerShell. De PowerShell-tag heeft een actieve community die graag helpt bij het oplossen van problemen.

Website: https://stackoverflow.com/questions/tagged/powershell

- GitHub: GitHub is een populaire platform voor software-ontwikkeling, en veel PowerShell-scripts en modules worden hier gehost. Je kunt bijdragen aan open-sourceprojecten en samenwerken met andere PowerShell-gebruikers.

Website: https://github.com/

- PowerShell.org: PowerShell.org is een community-gedreven platform dat educatieve bronnen, forums en evenementen biedt voor PowerShell-gebruikers.

Website: https://powershell.org/

- Reddit - r/PowerShell: Het subreddit voor PowerShell biedt een actieve gemeenschap waar je vragen kunt stellen, ideeën kunt delen en interessante PowerShell-gerelateerde discussies kunt voeren.

Website: https://www.reddit.com/r/PowerShell/

- YouTube: Er zijn veel YouTube-kanalen gewijd aan PowerShell-tutorials, tips en trucs, en demonstraties van geavanceerde PowerShell-functies. Zoek naar kanalen zoals "PowerShell in a Month of Lunches" en "Learn Windows PowerShell" voor beginners.

Dit zijn slechts enkele van de vele bronnen die beschikbaar zijn voor PowerShell-gebruikers. Door deel te nemen aan deze gemeenschappen en bronnen te verkennen, kun je je

PowerShell-vaardigheden verbeteren, je kennis uitbreiden en meer vertrouwen opbouwen bij het werken met PowerShell.

PowerShell-gerelateerde tools en GUI's

Er zijn verschillende handige tools en GUI's (Graphical User Interfaces) beschikbaar die het werken met PowerShell vergemakkelijken en de productiviteit verhogen. Hier zijn enkele populaire PowerShell-gerelateerde tools en GUI's:

- Windows PowerShell ISE (Integrated Scripting Environment): Standaard wordt Windows PowerShell ISE meegeleverd met Windows-besturingssystemen. Het biedt een grafische interface met functies zoals syntax-highlighting, intellisense, debugging en scripttabellen om het schrijven en uitvoeren van PowerShell-scripts te vergemakkelijken.
- Visual Studio Code: Visual Studio Code is een lichtgewicht, gratis en open-source code-editor van Microsoft. Er zijn veel uitbreidingen beschikbaar die speciaal zijn ontworpen voor PowerShell-ontwikkeling, waardoor het een krachtige omgeving is voor PowerShell-scripting.

    Website: https://code.visualstudio.com/

- PowerShell Studio: PowerShell Studio van SAPIEN Technologies is een uitgebreide ontwikkelomgeving voor PowerShell-scripts met een krachtige GUI-ontwerper, intuïtieve debugger en geavanceerde code-editor.

    Website: https://www.sapien.com/software/powershell_studio

- PowerShell Core Web GUI (PoshGUI): PoshGUI is een online webgebaseerde GUI-ontwerper voor PowerShell-scripts. Hiermee kun je eenvoudig grafische gebruikersinterfaces maken voor je scripts zonder code te schrijven.

Website: https://poshgui.com/

- PowerShell Empire: PowerShell Empire is een post-exploitatiekader dat is ontworpen voor gebruik door pentesters en veiligheidsonderzoekers. Het biedt een GUI voor het beheer en uitvoeren van PowerShell-scripts op gecompromitteerde systemen.

Website: https://www.powershellempire.com/

- PowerShell ModuleManager (PoshTools): ModuleManager is een GUI-toepassing waarmee je snel en eenvoudig PowerShell-modules kunt installeren, verwijderen en beheren.

Website: https://poshtools.com/

- Universal Dashboard: Universal Dashboard van Ironman Software is een framework voor het bouwen van interactieve webgebaseerde dashboards en GUI's met PowerShell.

Website: https://ironmansoftware.com/powershell-universal-dashboard/

- Microsoft Windows Admin Center: Windows Admin Center is een beheertool voor Windows-servers die PowerShell gebruikt als een van de onderliggende technologieën. Het biedt een overzichtelijke grafische interface voor het beheren van Windows-servers en services.

Website: https://docs.microsoft.com/en-us/windows-server/manage/windows-admin-center/overview

Deze tools en GUI's kunnen de productiviteit verhogen en het beheer van PowerShell-scripts en taken vereenvoudigen. Afhankelijk van je behoeften en voorkeuren, kun je een van deze tools kiezen om je PowerShell-ervaring te verbeteren.

Het schrijven van gestructureerde en onderhoudbare code

Het schrijven van gestructureerde en onderhoudbare code is essentieel om de leesbaarheid, herbruikbaarheid en onderhoudbaarheid van je PowerShell-scripts te verbeteren. Hier zijn enkele tips om gestructureerde en onderhoudbare code te schrijven:

- Gebruik van functies: Groepeer logische stukken code in functies. Dit maakt je script modulair en vergemakkelijkt het hergebruik van code.
- Namen van variabelen en functies: Gebruik duidelijke en beschrijvende namen voor variabelen en functies. Dit helpt andere mensen (en jezelf in de toekomst) om de code beter te begrijpen.
- Indentatie en opmaak: Gebruik consistente indentatie en opmaak om de structuur van je code duidelijk te maken. Gebruik bijvoorbeeld inspringen voor blokken code en plaats spaties tussen operatoren en variabelen om het gemakkelijker leesbaar te maken.
- Commentaar: Voeg commentaar toe aan je code om complexe stukken uit te leggen, belangrijke beslissingen te documenteren en het doel van functies en variabelen te verduidelijken.
- Error handling: Implementeer grondige foutafhandeling met behulp van Try-Catch-blokken en schrijf duidelijke foutmeldingen om problemen gemakkelijker te identificeren.
- Gebruik van pipeline: Maak gebruik van de PowerShell-pijplijn om taken te stroomlijnen en de leesbaarheid te verbeteren.
- Voorkom lange scripts: Probeer scripts niet te lang te maken. Als een script te lang wordt, overweeg dan om het op te

splitsen in meerdere functies of modules.
- Testen: Schrijf test-scripts om de functionaliteit van je PowerShell-scripts te controleren en ervoor te zorgen dat ze correct werken.
- PowerShell-modules: Overweeg om code die vaak wordt hergebruikt in een aparte PowerShell-module te plaatsen. Hierdoor kan de code efficiënter worden beheerd en gedeeld.
- Documentatie: Zorg voor voldoende documentatie van je code. Beschrijf het doel van het script, de parameters en uitvoer, en eventuele beperkingen of vereisten.
- Naming conventions: Gebruik consistente naming conventions voor functies, variabelen, en cmdlets. Dit helpt om een gestructureerde en uniforme stijl in de code te behouden.
- Verdeel complexe taken: Als een taak te complex wordt, overweeg dan om deze op te splitsen in kleinere deeltaken. Dit maakt het gemakkelijker om de code te begrijpen en problemen op te lossen.

Door deze best practices te volgen, kun je gestructureerde, onderhoudbare en goed gedocumenteerde PowerShell-code schrijven. Dit maakt het gemakkelijker voor jezelf en anderen om de code te begrijpen, aan te passen en uit te breiden in de toekomst.

Hoofdstuk 7: Toekomst van PowerShell

PowerShell Core vs. Windows PowerShell

PowerShell Core en Windows PowerShell zijn beide varianten van PowerShell, maar ze verschillen op bepaalde gebieden. Hier zijn de belangrijkste verschillen tussen PowerShell Core en Windows PowerShell:

Cross-platformondersteuning (platformondersteuning)

- PowerShell Core: PowerShell Core is ontworpen om cross-platform te zijn, wat betekent dat het kan worden uitgevoerd op verschillende besturingssystemen, waaronder Windows, macOS en Linux. Hierdoor kunnen PowerShell Core-scripts op verschillende platforms worden uitgevoerd zonder wijzigingen.
- Windows PowerShell: Windows PowerShell is ontworpen voor gebruik op het Windows-besturingssysteem. Het is niet native beschikbaar voor andere platforms dan Windows.

.NET Framework vs. .NET Core

- PowerShell Core: PowerShell Core maakt gebruik van .NET Core, de open-source en cross-platform versie van het .NET Framework. Dit stelt het in staat om te werken op verschillende platforms.
- Windows PowerShell: Windows PowerShell maakt gebruik van het .NET Framework, dat alleen beschikbaar is op het Windows-platform.

Modules en compatibiliteit

- PowerShell Core: PowerShell Core ondersteunt een groeiend aantal modules en cmdlets die zijn geoptimaliseerd voor cross-platformgebruik. Sommige modules die oorspronkelijk zijn ontworpen voor Windows PowerShell kunnen ook werken in PowerShell Core, maar niet allemaal.
- Windows PowerShell: Windows PowerShell heeft een uitgebreide verzameling modules en cmdlets die specifiek zijn ontworpen voor Windows-gerelateerde taken.

Releaseschema

- PowerShell Core: PowerShell Core heeft een snellere releaseschema en wordt vaker bijgewerkt met nieuwe functies en verbeteringen.
- Windows PowerShell: Windows PowerShell wordt meestal bijgewerkt als onderdeel van de halfjaarlijkse updates van Windows.

Compatibiliteit met bestaande scripts

- PowerShell Core: Hoewel veel bestaande Windows PowerShell-scripts ook kunnen werken in PowerShell Core, kunnen er soms aanpassingen nodig zijn vanwege verschillen in beschikbare modules en cmdlets.
- Windows PowerShell: Bestaande Windows PowerShell-scripts zijn meestal ontworpen voor gebruik op Windows en werken naadloos op dat platform.

Samenvattend biedt PowerShell Core het voordeel van cross-platformondersteuning, waardoor het kan worden gebruikt op Windows-, macOS- en Linux-systemen. Windows PowerShell daarentegen is specifiek ontworpen voor gebruik op het Windows-platform en heeft een uitgebreide verzameling Windows-specifieke modules en cmdlets. Bij het kiezen van de juiste variant moet je rekening houden met de specifieke behoeften van je project en het platform waarop je scripts moeten worden uitgevoerd.

Cross-platform en open-source ontwikkeling

Cross-platform en open-source ontwikkeling zijn twee belangrijke concepten die de ontwikkeling van software en tools bevorderen. Hier is een uitleg van beide concepten:

Cross-platformontwikkeling

Cross-platformontwikkeling verwijst naar het vermogen van een softwaretoepassing of tool om te werken op meerdere besturingssystemen of platforms, zoals Windows, macOS en Linux. Het doel van cross-platformontwikkeling is om software te maken die consistent werkt en dezelfde functionaliteit biedt, ongeacht het besturingssysteem waarop het wordt uitgevoerd. Dit is vooral nuttig voor ontwikkelaars en gebruikers die verschillende systemen gebruiken en de voorkeur geven aan een uniforme ervaring. Cross-platformontwikkeling wordt vaak bereikt door gebruik te maken van platformonafhankelijke programmeertalen en frameworks, zoals .NET Core voor C# of Java voor Java-gebaseerde applicaties.

Open-source ontwikkeling

Open-source ontwikkeling verwijst naar het concept van het vrijgeven van de broncode van een softwaretoepassing of tool onder een open-source licentie. Dit betekent dat de broncode openbaar beschikbaar is voor iedereen en dat gebruikers de vrijheid hebben om de code te bekijken, te wijzigen en te verspreiden. Open-source software wordt vaak ontwikkeld door een gemeenschap van vrijwillige ontwikkelaars, waarbij bijdragen vanuit de hele wereld worden verwelkomd. Het open-source model stimuleert samenwerking, transparantie en innovatie, en heeft bijgedragen aan het ontstaan van vele populaire en krachtige softwaretoepassingen, waaronder het Linux-besturingssysteem, de Apache-webserver en de Mozilla Firefox-browser.

Cross-platform en open-source ontwikkeling gaan vaak hand in hand, omdat het open-source model het mogelijk maakt om software te ontwikkelen die op meerdere platforms kan werken. Een goed voorbeeld hiervan is PowerShell Core, dat een cross-platformversie is van PowerShell en wordt ontwikkeld als een open-sourceproject op GitHub. Dit stelt PowerShell Core in staat om te werken op verschillende besturingssystemen en maakt het mogelijk voor de community om bij te dragen aan de ontwikkeling ervan.

Nieuwe functies en updates

Mogelijke nieuwe functies en updates in PowerShell kunnen zijn:

- Nieuwe cmdlets en modules: PowerShell wordt regelmatig uitgebreid met nieuwe ingebouwde cmdlets en modules om de ondersteuning voor verschillende technologieën en services uit te breiden.
- Cross-platformverbeteringen: Als een taal cross-platform is, worden er vaak verbeteringen aangebracht om de compatibiliteit te vergroten en de prestaties op verschillende besturingssystemen te optimaliseren.
- Veiligheidsupdates: Beveiliging is een belangrijk aspect van elke taal. Updates kunnen gericht zijn op het aanpakken van beveiligingslekken of het versterken van de beveiliging van de taal zelf.
- Performance-verbeteringen: Efficiëntie en prestaties zijn altijd belangrijk. Nieuwe updates kunnen gericht zijn op het optimaliseren van de prestaties van PowerShell-scripts.
- Integratie met andere services: PowerShell kan vaak worden geïntegreerd met verschillende services en platforms. Nieuwe updates kunnen integratie met nieuwe services mogelijk maken.
- Syntaxuitbreidingen: Updates kunnen de syntaxis van PowerShell uitbreiden om nieuwe functies mogelijk te maken of om bestaande functionaliteit te verbeteren.
- Error handling en debugging: Verbeteringen kunnen worden aangebracht om de foutafhandeling en debugmogelijkheden van PowerShell-scripts te verbeteren.
- Community-contributies: Als een open-sourceproject kan PowerShell nieuwe functies en updates ontvangen van bijdragen van de community.

Om op de hoogte te blijven van de nieuwste functies en updates in PowerShell, raad ik aan om de officiële documentatie, blogs van het PowerShell-team, GitHub-repository en communityforums en -nieuwsbrieven te volgen. Deze bronnen bieden inzicht in de meest recente ontwikkelingen en verbeteringen in PowerShell.

PowerShell in cloudomgevingen

PowerShell speelt een belangrijke rol in cloudomgevingen, omdat het de mogelijkheid biedt om cloudresources te beheren, te automatiseren en taken uit te voeren in verschillende cloudproviders. Hier zijn enkele manieren waarop PowerShell wordt gebruikt in cloudomgevingen:

- Microsoft Azure: PowerShell biedt een krachtige module genaamd "Azure PowerShell" waarmee je verschillende aspecten van Azure-resources kunt beheren, zoals virtuele machines, opslagaccounts, virtuele netwerken, web-apps, databases en nog veel meer. Hiermee kun je geautomatiseerde scripts schrijven om resources te maken, configureren en beheren in Azure.
- Amazon Web Services (AWS): Voor AWS-beheer is er "AWS Tools voor PowerShell", waarmee je toegang hebt tot de AWS API's en verschillende AWS-services kunt beheren, zoals EC2-instances, S3-buckets, RDS-databases en meer. Hiermee kun je PowerShell-scripts schrijven om AWS-resources te automatiseren en te beheren.
- Google Cloud Platform (GCP): GCP biedt een module genaamd "Google Cloud PowerShell" waarmee je toegang hebt tot GCP-services en resources kunt beheren, zoals virtuele machines, Cloud Storage, Cloud SQL en meer.
- Automatisering en orkestratie: PowerShell kan worden gebruikt om taken te automatiseren en workflows te orkestreren in de cloud. Dit omvat het maken van virtuele machines, het configureren van netwerkinstellingen, het toewijzen van beveiligingsgroepen en het inzetten van applicaties in de cloud.
- Infrastructure as Code (IaC): Met PowerShell kunnen IaC-scripts worden geschreven om de infrastructuur in de cloud te

definiëren en te beheren. IaC stelt teams in staat om de gewenste toestand van hun cloudomgeving te definiëren in scripts, waardoor ze de infrastructuur snel en consistent kunnen implementeren en beheren.
- Monitoring en logboekregistratie: PowerShell-scripts kunnen worden gebruikt om logboeken en monitoring in de cloudomgeving in te stellen, zodat je de prestaties van cloudresources kunt volgen en problemen kunt oplossen.
- Beveiliging en compliance: PowerShell kan worden gebruikt om beveiligingsmaatregelen en compliance-regels toe te passen op cloudresources, zoals het beheren van toegangscontrolelijsten en het configureren van beveiligingsinstellingen.
- Gegevensbeheer: PowerShell-scripts kunnen worden gebruikt om gegevens te importeren, exporteren en transformeren tussen cloudservices en lokale systemen.

Het gebruik van PowerShell in cloudomgevingen vergemakkelijkt het beheer en de automatisering van cloudresources, waardoor teams effectiever kunnen werken en de efficiëntie en schaalbaarheid van hun cloudinfrastructuur kunnen vergroten.

Bijlage A: Lijst van veelgebruikte cmdlets

Hier is een lijst van veelgebruikte cmdlets in PowerShell:

- Get-Process: Toont de lijst met actieve processen op het systeem.
- Get-Service: Geeft een lijst weer van services die momenteel op het systeem worden uitgevoerd.
- Get-ChildItem (of gci): Toont de inhoud van een map, vergelijkbaar met de 'dir'-opdracht in de opdrachtprompt.
- Set-Location (of cd): Verandert de huidige werkmap in PowerShell.
- Get-Help: Toont de help-documentatie voor een cmdlet of PowerShell-functie.
- Clear-Host: Wist de uitvoer op het scherm en toont een schone opdrachtprompt.
- Select-Object: Selecteert specifieke eigenschappen (kolommen) van objecten die worden geretourneerd door andere cmdlets.
- Where-Object (of ?): Filtert objecten op basis van de opgegeven voorwaarde.
- ForEach-Object (of %): Voert een bepaalde bewerking uit op elk object in een verzameling.
- New-Item: Maakt een nieuw bestand, map of een ander type item aan.
- Remove-Item: Verwijdert een bestand, map of een ander type item.
- Copy-Item: Kopieert een bestand of map naar een andere locatie.
- Move-Item: Verplaatst een bestand of map naar een andere locatie.
- Invoke-WebRequest: Haalt gegevens op van een webpagina

met behulp van HTTP-verzoeken.
- Start-Process: Start een nieuw proces (bijvoorbeeld een toepassing) vanuit PowerShell.
- Get-Content: Leest de inhoud van een tekstbestand.
- Set-Content: Schrijft gegevens naar een tekstbestand.
- Measure-Object (of Measure): Geeft statistieken weer voor objecten, zoals de lengte, het aantal items, enz.
- Out-File: Stuurt de uitvoer van een cmdlet naar een tekstbestand.
- Export-Csv: Exporteert gegevens naar een CSV-bestand.
- Import-Csv: Importeert gegevens vanuit een CSV-bestand.

Dit is slechts een greep uit de vele beschikbare cmdlets in PowerShell. Elke cmdlet heeft zijn eigen functie en mogelijkheden, en je kunt ze combineren om complexere taken uit te voeren en PowerShell-scripts te schrijven om je dagelijkse taken te automatiseren.

Milton Keynes UK
Ingram Content Group UK Ltd.
UKHW050828100923
428413UK00008B/70